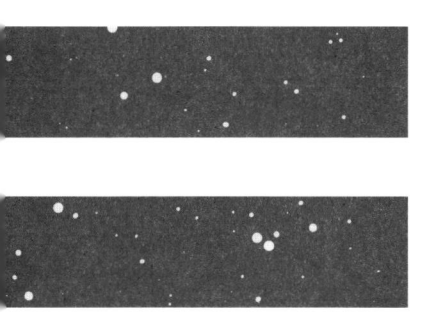

CHRISTOPHE GALFARD

Eine
sehr kurze
Einführung in die
Relativitätstheorie

Aus dem Englischen von Ursula Held

C.H.BECK

Titel der englischen Originalausgabe:
«How to Understand E = mc²»
Copyright © Christophe Galfard 2017

Zuerst erschienen 2017 bei Quercus Editions Ltd, London

Mit fünf Illustrationen von Amber Anderson

Für die deutsche Ausgabe:
© Verlag C.H.Beck oHG, München 2022
www.chbeck.de
Umschlaggestaltung: geviert.com, Nastassja Abel
Umschlagabbildung: © Shutterstock
Autorenfoto: © Lauren Bastide
Satz: C.H.Beck.Media.Solutions, Nördlingen
Druck und Bindung: CPI – Ebner & Spiegel, Ulm
Gedruckt auf säurefreiem und alterungsbeständigem Papier
Printed in Germany
ISBN 978 3 406 78317 3

myclimate

klimaneutral produziert
www.chbeck.de/nachhaltig

INHALT

TEIL 3
Folgen

VORWORT

$E = mc^2$.

E steht für Energie.

Dieselbe Energie, die Ihr Auto fahren, Ihre Glühlampen leuchten und Ihren Kühlschrank brummen lässt.

m steht für Masse.

Dieselbe Masse, aus der Sie und ich, die Luft, die Meere, Berge und Wolken und sämtliche bekannte Materie unseres Universums bestehen.

Und c^2 ist das Quadrat der Lichtgeschwindigkeit.

Eine riesige Zahl, so viel ist schon mal klar.

$E = mc^2$ drückt aus, dass Energie zu Masse werden kann. Und Masse kann in Energie umgewandelt werden. Eine ungeheure Menge Energie. Die

Formel erklärt, warum wir ein Atom spalten können, wie Sterne leuchten und auch, weshalb die Natur Teilchen aus nichts erschaffen kann. Aber das ist noch nicht alles.

$E = mc^2$ ist eine Art Signalleuchte, ein Hinweisschild, das den Eintritt in eine neue Realität ankündigt, in der nicht nur Masse und Energie, sondern auch Raum und Zeit nicht die gewohnte Bedeutung haben. Das hat Auswirkungen im Bereich des Allerkleinsten und des Allergrößten – und zwar so starke, dass die kleine Gleichung fast das gesamte zwanzigste Jahrhundert geprägt, unsere Sichtweise auf uns selbst verändert und zu der Welt geführt hat, in der wir heute leben.

TEIL 1
LICHT

1

KLEINE EINFÜHRUNG

Zu Beginn des zwanzigsten Jahrhunderts beruhte beinahe die gesamte wissenschaftliche Kenntnis über die Realität auf dem, was Isaac Newton etwa einhundertachtzig Jahre zuvor aus dem damals bereits Bekannten gefolgert oder aber selbst entdeckt hatte. Newtons Lehre entsprach dem Bild, das sich unsere Intuition über das Verhalten der Natur formt.

Aber das sollte sich bald radikal ändern.

Immerhin haben sich unsere Körper in den vergangenen zehntausend Jahren kaum weiterentwickelt. All diese Zeit hindurch hatten wir die gleichen Augen, Ohren, Finger, Zungen und Nasen.

Und damit besaßen wir alle, durch sämtliche Jahrhunderte, von Geburt an dieselben Voraussetzungen, wenn es darum ging, die uns umgebende Welt zu begreifen.

Dank dieser langen Zeit des Fragens und Staunens und dank vieler technologischer Fortschritte konnte unsere Spezies zu Beginn des vergangenen Jahrhunderts eine neue Stufe der Erkenntnis erreichen. Uns ist bewusst geworden, dass die Naturgesetze, von denen wir intuitiv glaubten, sie würden überall in Raum und Zeit gelten, nicht das sind, wofür wir sie hielten.

Verglichen mit der Riesenhaftigkeit des Universums sind wir winzig.

Verglichen mit der Winzigkeit der Elementarteilchen und ihrer Quantenwelt sind wir riesig.

Wir bewegen uns zwischen diesen beiden Unendlichkeiten – die eine groß, die andere klein –, und unsere Sinne erlauben uns nur einen beschränkten Zugang zu der Welt, in der wir leben.

Vor etwa einhundert Jahren haben wir erkannt, dass sich die Naturgesetze drastisch verändern, wenn wir unseren gewohnten Bezugsrahmen verlassen. Unser tagtägliches Erleben ist nur eine Annäherung an Realitäten, die unsere Sinne nicht erfassen können. Dieses Bewusstsein unterscheidet uns von allen Menschen, die vor uns gelebt haben.

Heute kennen wir drei Wege, die in nicht gekannte Realitäten führen. Der eine ist das Große. Der andere das Kleine. Und der letzte das Schnelle – der Bereich der hohen Geschwindigkeiten.

So wie wir (verglichen mit dem Universum) nicht groß und (verglichen mit Teilchen) nicht klein sind, so sind wir sicher auch nicht schnell. Im Vergleich zu Objekten, die sich mit Lichtgeschwindigkeit bewegen, ist selbst die schnellste je gestartete Rakete eine Schnecke.

Scheint es nicht sogar so, als bewege sich Licht ohne jede zeitliche Verzögerung?

Wir wissen es besser: Licht breitet sich nicht unmittelbar, sondern mit einer bestimmten Geschwindigkeit aus. Dieser Lichtgeschwindigkeit geben Wissenschaftler das Formelzeichen «c», nach dem lateinischen Wort *celeritas* für Schnelligkeit. Dass die Geschwindigkeit des Lichts einen Buchstaben verliehen bekommen hat (was weder Ihnen noch mir je gelingen wird), hängt mit einer Besonderheit zusammen: Im Vakuum bewegt sich Licht immer gleich schnell.

Wirklich immer. Und unabhängig davon, wer diese Geschwindigkeit misst.

Damit haben wir schon die halbe Begründung dafür, dass $E = mc^2$ ist.

Um den Weg dorthin nachzuverfolgen, fangen wir damit an, die Geschwindigkeit von Licht zu messen.

2

LICHTGESCHWINDIGKEIT

Stellen Sie sich vor, Sie sind in einem dunklen Raum.

Sie haben die Hand am Lichtschalter.

Sie sind voll konzentriert, denn Sie möchten herausfinden, wie lange das Licht benötigt, um von der Glühlampe in Ihr Auge zu wandern.

Sie schalten das Licht an.

Aber Sie bemerken keine Verzögerung.

Nach Ihrer Wahrnehmung wurde das Zimmer auf einen Schlag hell.

Galileo Galilei hat sich vor fünfhundert Jahren an ebendiesem Experiment versucht. Und obwohl seine Lichtquelle eine ganze Meile von seinem

Standort entfernt war, konnte auch er keine Verzögerung feststellen. Und doch gibt es sie. Nur war zu Galileis Zeiten kein Instrument präzise genug, um sie nachzuweisen. Um überhaupt etwas bemerken zu können, hätten unsere Vorfahren das Licht über so immens weite Strecken schicken müssen, wie sie auf der Erde gar nicht zu finden sind.

Im Jahre 1676 nahm sich der dänische Astronom Ole Rømer eine solche Riesendistanz vor. Er betrachtete Io, einen der größten Monde des Jupiters.* Wie die meisten Planeten leuchtet Jupiter nicht von selbst. Er wird von der Sonne erhellt und wirft deshalb einen Schatten. Io bewegt sich nun regelmäßig in diesen Schatten, er taucht in die Dunkelheit ab und wieder aus ihr hervor. Dank des soeben von Galilei erfundenen Teleskops bemerkte Rømer, dass Io länger zum Verschwinden und Wiederauftauchen brauchte, wenn sich die Erde auf ihrer Umlaufbahn von Jupiter wegbewegte anstatt

---

* Die Erde hat nur einen Mond, Jupiter aber hat mindestens vierundfünfzig. Vier davon sind groß und felsig. Zu ihnen gehört Io, der Jupiter außerdem am nächsten ist.

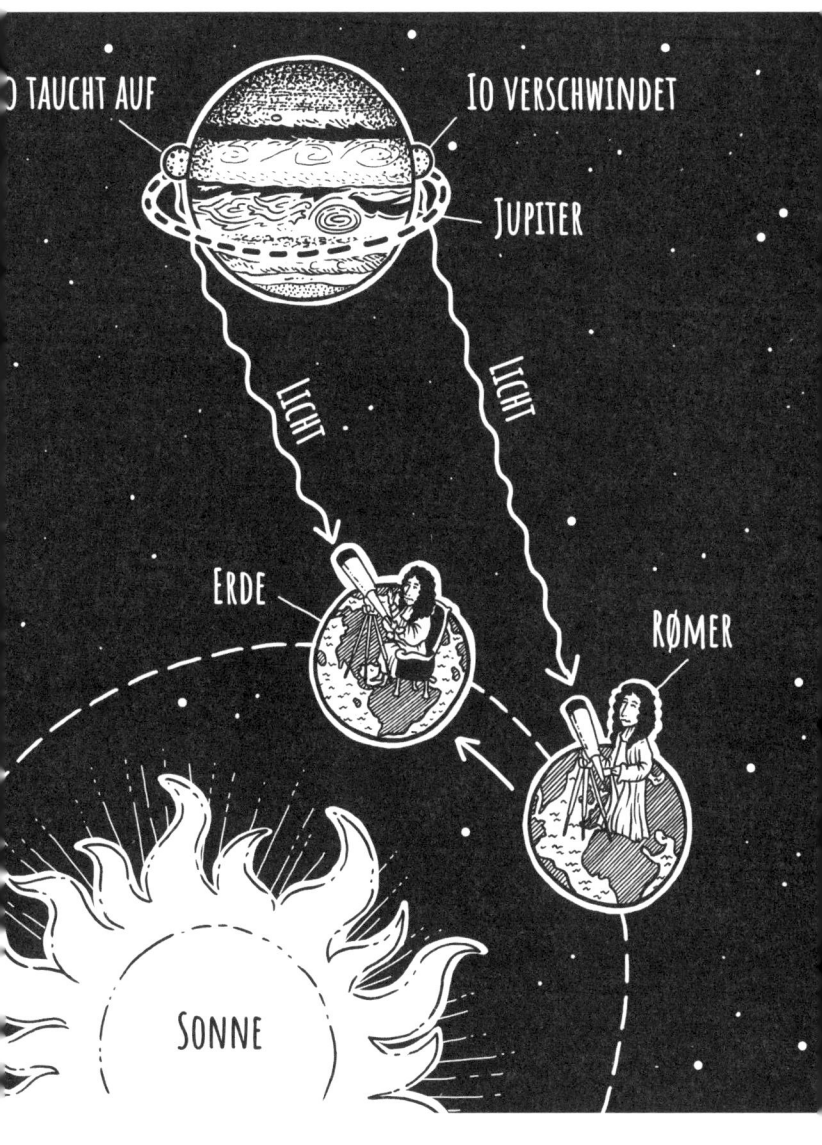

zu ihm hin. Für Rømer war dies der eindeutige Beweis, dass Licht sich nicht unmittelbar ausbreitet. Der Astronom schätzte die Geschwindigkeit des Lichts auf etwa zwanzig Prozent des heutigen Werts. Gar nicht schlecht für einen ersten Versuch.

Etwa zweihundert Jahre später, um 1860, sorgte der Physiker James Clerk Maxwell aus Schottland für mehrere wissenschaftliche Revolutionen, die sich bis ins zwanzigste Jahrhundert auswirken sollten. In einer Zeit, da die Leute in Kutschen reisten und nachts bei Kerzenschein studierten, entdeckte Maxwell, dass Elektrizität und Magnetismus zwei Aspekte desselben Phänomens – nämlich Elektromagnetismus – sind, das, sobald es gestört wird, Wellen hervorbringt.

So wie eine wippende Boje auf einem See Wellen auf der Wasseroberfläche hervorruft, die sich mit einer bestimmten Geschwindigkeit von ihr wegbewegen, so erzeugt man durch das Bewegen eines Magneten eine Welle – eine elektromagnetische Welle. Genau das legten Maxwells Gleichungen nahe. Nun fragte sich Maxwell natürlich, wie schnell diese Wellen sich ausbreiteten. Experimente zeigten ihm: Mit ebender Geschwindigkeit, die auch Rømer beobachtet hatte. Maxwell glaubte nicht an einen Zufall. So überraschend es klingen mag: Er hatte entdeckt, dass Licht eine elektromagnetische Welle ist.

Damit stand man jedoch vor einem neuen Rätsel.

Eine Welle auf der Meeresoberfläche wandert über das Wasser; eine Schallwelle wandert durch Materie.* Wodurch aber wandert das Licht? Wir sehen eine Kerze, die in einem Zimmer auf dem Tisch brennt, wir sehen aber auch die weit entfernten Sterne am Nachthimmel. In einem Raum befindet sich Luft. Im Weltall aber befindet sich nichts. Zumindest nichts, was man sehen könnte. Und doch kann Licht beides durchwandern. Im Anschluss an Maxwells Theorie glaubten Wissen-

---

*   Ob dies durch Luft, einen festen oder einen flüssigen Stoff geschieht: Man hört ein Geräusch. Jedoch nicht im Weltraum: Es gibt keinen Schall, wenn keine Materie vorhanden ist, durch die er wandern kann.

schaftler, dass sich weit draußen im All und auch bei uns auf der Erde eine für uns unsichtbare Substanz befinden müsse. Ein irgendwie geartetes Medium, von dem das gesamte Universum erfüllt sein sollte. Ein Medium, das eine Lichtwelle weitertragen könnte. Dieses Medium nannte man den Lichtäther oder kurz Äther. Nahezu alle herausragenden Wissenschaftler jener Zeit glaubten an seine Existenz. Falls Sie noch nie von diesem Äther gehört haben, muss Sie das aber nicht weiter beunruhigen. Denn es gibt ihn nicht.

Stellen Sie sich vor, Sie segeln auf einem Boot übers Meer. Es ist windig, Sie sind schnell. Hinter Ihnen ist noch ein Segelboot, das mit genau derselben Geschwindigkeit unterwegs ist wie Sie. Zur Begrüßung betätigt es das Signalhorn. Durch den Wind erreicht Sie das Tuten des anderen Boots schneller, als es das bei Windstille täte. Höflich grüßen Sie zurück – Ihr Signal aber muss gegen den Wind ankämpfen.

Wenn man nun vergleichen würde, wie lange die beiden Signale von dem einen Boot zum anderen unterwegs sind, könnte man die Windgeschwindigkeit berechnen.

In den 1880er Jahren unternahmen zwei amerikanische Wissenschaftler namens Albert Michelson und Edward Morley ein ganz ähnliches Experiment. Jedoch ging es ihnen nicht um die Bewegung der Luft, sondern um den Ätherwind. Ihr Boot segelte nicht über den Ozean. Sie benutzten das Schiff, das wir alle ab Geburt besteigen, um durchs Universum zu reisen – unsere Erde.

Die Erde benötigt ein Jahr, um die Sonne ein Mal zu umrunden. Dabei zieht sie eine annähernd kreisförmige Bahn um unseren Heimatstern. Ganz gleich, welcher Tag gerade sein mag, während Sie das hier lesen: Sie, ich, ja alles auf unserem Planeten bewegt sich auf weit entfernte Sterne zu, die genau in entgegengesetzter Richtung der Sterne liegen, auf die wir vor sechs Monaten zugesteuert sind.

So ist es eben, wenn man im Kreis wandert.

Wir merken es zwar nicht, aber die Erde kreist unglaublich schnell um die Sonne, nämlich mit rund 100 000 km/h. Wenn es nun einen Äther gäbe, der

alles erfüllte und in eine bestimmte Richtung wehte, müsste sich die Erde jeweils in Intervallen von sechs Monaten mit einem Geschwindigkeitsunterschied von 200 000 km/h bewegen – je nachdem, ob sie mit oder gegen den Äther unterwegs ist.

Michelsons und Morleys Experiment bestand im Grunde darin, in einem Abstand von sechs Monaten Lichtstrahlen auf dieselben Sterne am Firmament zu richten. Die Erde würde sich zuerst auf einen dieser Sterne zubewegen und sechs Monate später von ihm weg. Falls nun Licht durch den Äther wanderte wie Schall durch die Luft, müsste sich die Reisedauer des Lichts verändern und die Geschwindigkeit des Ätherwinds offenbaren.

Doch die beiden konnten keinen Unterschied entdecken. Nicht den geringsten.

Da war kein Wind. Ein unerwartetes Ergebnis, aber die (meisten) Wissenschaftler fanden sich damit ab.

Allerdings konnten Michelson und Morley auch keine veränderte Geschwindigkeit der Erde nachweisen. Die angenommene Differenz von 200 000 km/h gab es einfach nicht.

Das nun war ein echter Schock, und zwar nicht nur wegen des fehlenden Äthers.

Um das zu verstehen, stellen Sie sich am besten vor, Sie würden auf einem Fußballfeld stehen und den Ball aus weiter Entfernung Richtung Tor schießen.

Und nun schießen Sie den Ball ein zweites Mal, mit gleicher Kraft, jedoch von einer Rakete, die mit 200 000 km/h auf das Tor zurast.

Sie würden sicher nicht damit rechnen, dass der Ball mit gleicher Geschwindigkeit ins Tor fliegt, oder?

Genau das aber fanden Michelson und Morley in Bezug auf das Licht heraus.

Ganz gleich, wie schnell die Lichtquelle unterwegs ist: Licht bewegt sich immer mit derselben Geschwindigkeit.

Nämlich mit genau 299 792 458 Metern pro Sekunde.

So exakt wurde es im Jahr 1983 festgelegt, indem man einen Meter als die Entfernung definierte, die Licht in einer 299 792 458stel Sekunde zurücklegt. Daran gibt es nichts zu rütteln.

Seit Michelsons und Morleys Experiment begreifen wir Licht als eine elektromagnetische Welle, die sich nicht etwa durch den Äther bewegt, sondern durch – nichts. Seine Geschwindigkeit im Vakuum des Weltraums ist eine Konstante,* die mit

---

* Außerhalb eines Vakuums kann sich Licht jedoch verlangsamen. Der französische Physiker Serge Haroche erhielt 2012 den Nobelpreis für Physik, da es ihm gelungen war, Licht zu stoppen.

dem Buchstaben «c» bezeichnet wird und einem Wert von 299 792 458 m/s entspricht.

Mit diesem Wissen war die Menschheit nur noch einen Schritt von $E = mc^2$ entfernt. Das entscheidende Prinzip hatte Galilei Jahrhunderte zuvor formuliert, Albert Einstein jedoch modernisierte es. Nun ging es darum, die Welt aus der Perspektive eines sich bewegenden Objekts zu betrachten.

TEIL 2

EINE
THEORIE
BEWEGTER
OBJEKTE

1

ALLES IST RELATIV

Michelson und Morley hatten herausgefunden, dass es für das Ausbreitungstempo des Lichts keine Rolle spielt, ob man sich beim Einschalten einer Taschenlampe fortbewegt oder nicht. Anders gesagt: Beim Licht summieren sich die Geschwindigkeiten nicht auf.

Albert Einstein wusste womöglich gar nichts von diesem Experiment. Und wenn doch, wird es ihn nicht weiter beeindruckt haben. Denn er stellte sich die Dinge gerne im Geiste vor. Experimente waren etwas für später. Einstein beschäftigte sich zwar seit langer Zeit mit dem Rätsel der Lichtgeschwindigkeit, jedoch nicht aufgrund der überraschenden Ergebnisse von Michelson und Morley, sondern weil das Phänomen bereits in Maxwells Berechnungen zum Elektromagnetismus zu finden war: Die Lichtgeschwindigkeit tauchte in Maxwells Gleichung zu elektromagnetischen Wellen auf, und zwar als Konstante.

Mit dieser Erkenntnis entwickelte Einstein zweierlei Ideen oder Prinzipien, denen die Natur folgen musste, um seiner Vorstellung der Realität nachzukommen.

Einsteins Überlegungen wurden von der Frage geleitet: Gibt es eine Bewegung, die uns die Realität grundlegender erkennen lässt als jede andere Bewegung? Wirken das Universum und seine Gesetze einleuchtender, wenn man im Bett liegt, im Auto fährt oder an Bord eines Raumschiffs durchs All fliegt?

Vierhundert Jahre zuvor hatte Galileo Galilei diese Frage verneint. Wenn wir uns in einer fensterlosen Kabine auf dem Meer befinden, kann uns kein Experiment der Welt beweisen, ob sich das Schiff bewegt oder nicht, erkannte Galilei. Dasselbe können wir heute feststellen, wenn wir in einem Zug sitzen: Haben Sie nicht auch schon einmal gedacht, Ihr Zug würde losfahren, obgleich Sie nur durchs Fenster gesehen haben, wie ein anderer den Bahnhof verlässt? Selbst wenn man in einem Auto bei konstantem Tempo unterwegs ist, die Augen schließt (natürlich nicht, wenn man der Fahrer ist!) und versucht, die Geschwindigkeit zu spüren, wird man nichts bemerken.

Isaac Newton und der französische Mathematiker und Physiker Henri Poincaré stimmten dem zu, und so auch Einstein: Befindet man sich in einem geschlossenen Kasten ohne Fenster, durch das man sehen könnte, was draußen passiert, so kann einem kein Experiment sagen, ob man sich bewegt oder nicht. Die Wissenschaftler waren überzeugt, dass dies überall gelte, nicht nur auf der Erde.

Stellen Sie sich vor, Sie schweben in einem Raumanzug durchs All, in weiter Ferne von allem. Durch Ihr Helmvisier sehen Sie Ihre Umgebung, jedoch keine entlegenen Sterne. Sie bewegen sich nicht von der Stelle.

Auf einmal entdecken Sie zwei menschenähnliche Gestalten, die mit enormem Tempo auf Sie zukommen. Die beiden tragen seltsame Raumanzüge, ihre Gesichter sind durch die Helme verdeckt. Sicher sind das Außerirdische, denken Sie. Begeistert winken Sie dem fremden Paar zu, aber es saust an Ihnen vorbei. Genau wie Sie wird es nicht in einer Rakete durch den Raum befördert, und dennoch ist es unfassbar schnell! Beeindruckt und auch ein wenig neidisch kontaktieren Sie die beiden per Funk (schnell, solange es noch geht!), um ihnen Ihre Bewunderung auszusprechen. Zu Ihrem großen Erstaunen bekommen Sie zur Antwort, die beiden wären ebenso erfreut, Ihnen begegnet zu sein, doch was sie selbst beträfe, würden sie sich keinen Deut fortbewegen. Im Gegenteil, *Sie* wären es doch, der rasend schnell an ihnen vorbeigerauscht sei.

Die beiden haben recht.

Und Sie auch.

Und so lautete Einsteins erstes Prinzip: Solange man nicht beschleunigt, lässt sich nicht sagen,

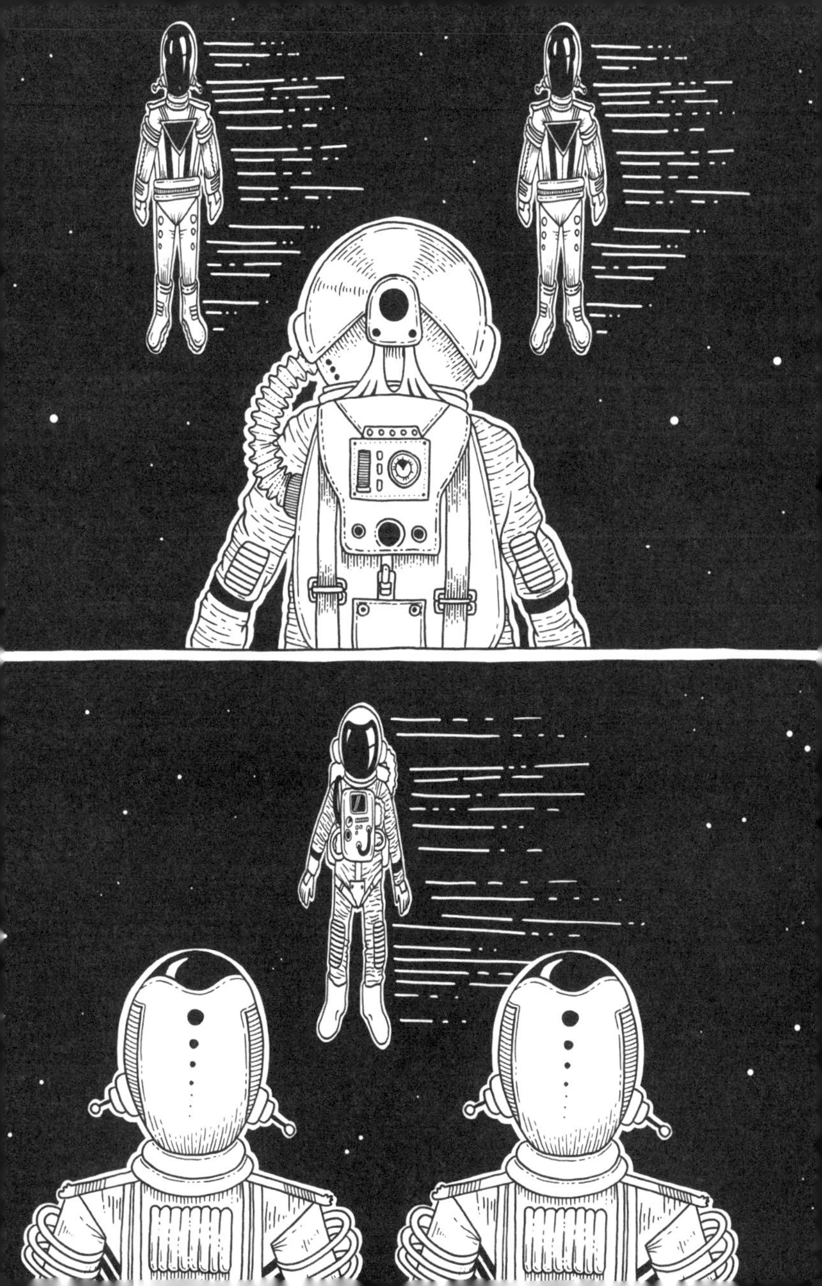

wer sich bewegt und wer nicht, da es keinen absoluten Bezugsrahmen gibt, den man zugrunde legen könnte. Es gibt keinen Lichtäther oder Ätherwind, vor dessen Hintergrund man eine absolute, objektive Geschwindigkeit messen könnte. Nur relative Geschwindigkeiten ergeben Sinn.

Daher verleiht Ihnen die Geschwindigkeit, mit der Sie sich bewegen, keine Besonderheit und die Naturgesetze sollten ganz unabhängig davon greifen. In der Nachfolge von Galilei, Newton und Poincaré nannte Einstein dies das Relativitätsprinzip. In mathematischer Sprache kann es so ausgedrückt werden: Gilt für jemanden, der mit einer bestimmten Geschwindigkeit unterwegs ist, das Naturgesetz A = B, so gilt A = B auch für jeden anderen, der sich mit einer konstanten Geschwindigkeit bewegt, ganz gleich wie schnell oder langsam. A = B, ohne Ausnahme.

Das zweite Prinzip besagt, dass Licht in einem Vakuum immer mit derselben Geschwindigkeit unterwegs ist.

Wie diese beiden Prinzipien zu einer neuen Sicht

auf die Realität führen, zeigt uns ein Gedanken-experiment à la Einstein.

Stellen Sie sich vor, Sie sitzen auf einem Stuhl aus Licht, der mit Lichtgeschwindigkeit durchs All schießt.

Sie sind auf dem Weg zu einem futuristischen Date auf der anderen Seite der Galaxie.

Weil Sie sich um Ihr Aussehen sorgen, holen Sie einen Spiegel aus der Tasche und wollen einen Blick auf Ihre Frisur werfen. Und nun fragt sich: Sehen Sie sich in diesem Spiegel? Eine absolut ent-scheidende Frage.

Denn um sich betrachten zu können, bräuchten Sie Licht, das schneller unterwegs ist als Sie, damit es den Spiegel erreichen und zu Ihnen zurückfallen kann. Sie müssten Licht aussenden, das schneller ist als Licht. Und das kann es nicht geben. Die Ant-wort lautet also: Nein, Sie können sich nicht sehen. Der wahre Grund für dieses Phänomen, so wie wir es heute begreifen, ist eigentlich noch beunruhi-gender. Denn wenn Sie mit Lichtgeschwindigkeit unterwegs wären, würde Ihre Zeit anhalten.

Ihr Herz würde nicht schlagen.

Ihre Zellen würden nicht altern.

Ihre Uhr würde nicht ticken.

Die Zeit wäre eingefroren, Entfernungen würden schrumpfen. Sie könnten sich nicht im Spiegel betrachten, weil Sie überhaupt nichts sehen würden (und den Spiegel erst gar nicht hervorholen könnten). Dennoch würden Sie unfassbar schnell unterwegs sein und an wunderbaren Orten vorbeischießen, die Sie gar nicht wahrnehmen könnten.

Das klingt enttäuschend, ich weiß.

Noch enttäuschender ist aber vielleicht Folgendes: Eine solche Reise ist in Wahrheit niemals durchführbar. Um mit Lichtgeschwindigkeit unterwegs zu sein, müssten Sie selbst aus Licht bestehen und nicht aus Materie. Massive Teilchen (aus denen wir nun mal in großer Zahl bestehen, ohne hier jemanden beleidigen zu wollen) können niemals die Geschwindigkeit von Licht erreichen. Das können nur masselose Teilchen, und zwar als Konsequenz aus $E = mc^2$.

Damit haben wir nur zwei von vielen erstaunlichen Folgen der oben genannten beiden Prinzipien Einsteins beleuchtet. Sie besagen, dass uns das Verhalten der Natur bei hohen Geschwindigkeiten dazu zwingt, viele Dinge zu überdenken, die wir für selbstverständlich hielten.

Einstein hat diese Überlegungen 1905 in seinem Aufsatz «Zur Elektrodynamik bewegter Körper» dargelegt. Zu diesem Zeitpunkt war er ein völlig unbekannter sechsundzwanzigjähriger Prüfer beim Schweizer Patentamt in Bern.

Einige Monate darauf führte Einstein seine Ideen weiter und erkannte, dass man auch die Bedeutung von Masse überdenken musste.

Und damit sollte er zu $E = mc^2$ gelangen.

Hier war ein einzigartiges Genie drauf und dran, die Welt neu zu formen.

2

EINIG UNEINIG

Sie sind zurück im All, komplett mit Raumanzug, und erinnern sich an die beiden Astronauten, die eben an Ihnen vorbeigeflogen sind. Sie haben deren Gesichter nicht erkennen können und fragen sich: Ob Außerirdische oder nicht, könnte es nicht sein, dass die beiden denselben physikalischen Gesetzen unterworfen sind wie Sie? Und zwar *genau* denselben, sodass eine Formel, mit der Sie ein Phänomen beschreiben, auch für die beiden gilt, wenn sie dasselbe Phänomen aus ihrer Sicht beschreiben, obgleich sie durch den Weltraum rasende Aliens sind?

Die Antwort des Relativitätsprinzips lautet ja.

Aber schon stehen wir vor einem Problem.

Maxwells Einsichten in den Elektromagnetismus sind eine beeindruckende Erfolgsgeschichte. Ihnen haben wir Radios, Fernseher, Radars, Handys, Mikrowellen und die meisten anderen derartigen Elektrogeräte zu verdanken. Sie haben uns außerdem ermöglicht, in den Nachthimmel zu schauen, indem wir elektromagnetische Wellen wie Röntgen- oder UV-Strahlen nutzen, die unsere Augen nicht wahrnehmen. Das ist doch allerhand, oder? Erstaunlich, dass Maxwell der breiten Öffentlichkeit nicht bekannter ist.

Aber zurück zu unserem Problem: Maxwells Gleichungen bleiben nicht dieselben, wenn man den Blickwinkel verändert (und etwa von Ihrem Standpunkt zu dem der superschnellen Außerirdischen wechselt). Denn dann tauchen neue Bedingungen in den Gleichungen auf, und diese Bedingungen führen zu Voraussagen, denen Experimente widersprechen.

Den niederländischen Physiker Hendrik Lorentz ärgerte das – und zwar ungemein.

Ihm gefielen Maxwells Gleichungen außerordentlich (das sollten sie übrigens uns allen), und er wollte, dass sie stets wahr sind und für alle gelten, die sich mit konstanter Geschwindigkeit bewegen, ob außerirdisch oder nicht, ob schnell oder langsam und unabhängig davon, wer sie anwendete. Damit dies zutreffen konnte, so erkannte Lorentz, musste man etwas aufgeben. Eine Gewissheit, die uns bis dahin immer begleitet hatte: Zeit und Raum konnten keine universellen Konzepte sein. Beide Größen mussten davon abhängig sein, wer sie misst. Und damit sind die tatsächlichen Entfernungen gemeint, die Sie tagtäglich ermitteln, und die echte Zeit, die Ihre Uhr anzeigt.

Sie finden, dass sich das verrückt anhört? Nun, dann sollten Sie bedenken: Diese Zusammenhänge waren vielleicht vor einem Jahrhundert noch bloße Theorie, inzwischen aber wurden sie mehrfach durch Experimente belegt. Ohne diese Erkenntnis würde beispielsweise die Kommunikation mit Satelliten nicht funktionieren.

Lorentz begriff, dass Maxwells Gleichungen nur dann immer gültig wären, wenn man nicht naiv und unbedacht von einem Standpunkt zum anderen überging. Man musste unbedingt die relativen Geschwindigkeiten berücksichtigen und unseren Blickwinkel dementsprechend anpassen. Die mathematischen Umrechnungen, mit denen sich dies erreichen lässt, tragen den Namen ihres Entdeckers: Mit den Lorentz-Transformationen werden Raum, Zeit und relative Geschwindigkeiten zusammengebracht.

Das mag uns sonderbar erscheinen.

Kehren wir zurück zur Erde.

Sie laufen eine Straße entlang. Es ist ein sonniger Tag. Jemand fährt im Auto an Ihnen vorbei. Es fällt Ihnen leicht, sich vorzustellen, Sie säßen auf dem Fahrersitz und würden die Welt von dort betrachten, oder? Sie müssen sich nur hinter das Steuer denken, und schon sehen Sie die Umgebung aus dem Auto heraus. Ganz einfach.

Falsch, sagt Lorentz.

Um sich wirklich dorthin zu versetzen, müssten Sie Ihre Zeit anpassen. Und die von Ihnen wahrgenommenen Entfernungen.

Zu Ihrer Beruhigung sei gesagt, dass diese Anpassungen für die Geschwindigkeiten unserer alltäglichen Erfahrung nicht erforderlich sind. Unsere Sinne können die Veränderungen gar nicht wahrnehmen, da sie zu gering sind. Selbst mit dem schnellsten Auto entspricht eine Sekunde auf dem Bürgersteig einer Sekunde im Auto. Dasselbe gilt für Entfernungen: Wenn Ihnen der Fahrer sagt, er hält in einhundert Metern an, um Sie einsteigen zu lassen, müssen Sie einhundert Meter laufen und können dann neben ihm Platz nehmen. Auch Geschwindigkeiten summieren sich wie gewohnt auf: Wenn der Fahrer einen Ball in Fahrtrichtung wirft, sehen Sie den Ball mit der Wurfgeschwindigkeit des Fahrers plus der Geschwindigkeit des Wagens fliegen.

Für alltägliche Zwecke können Sie sich in die Lage des Fahrers versetzen, und die Situation entspräche der, die Sie sich vom Bürgersteig intuitiv vorgestellt haben. Doch all das hat keine Gültigkeit mehr, wenn wir uns Geschwindigkeiten nähern, die unsere Sinne nicht mehr wahrnehmen können.

Sie sind zurück im All. Die beiden Außerirdischen sind verschwunden, und jetzt sehen Sie, wie ein Raumschiff angerast kommt.

Es schießt mit 200 000 Kilometern pro Sekunde auf Sie zu.

In der Hoffnung auf eine Mitfahrgelegenheit funken Sie den Kapitän an und bitten ihn, in einhundert Metern anzuhalten, damit Sie an Bord gehen können. (Wir unterstellen einfach mal, das Raumschiff kann so abrupt halten.) Aber was sagt man dazu: Was für den Raumschiff-Kapitän 100 Meter sind, sind für Sie 135!

Die Entfernungen, die aus einem mit 200 000 km/s dahinrasenden Raumschiff gemessen werden, sind kürzer als die Entfernungen, die Sie von Ihrer außenstehenden Position messen. Für zukünftige Weltraumreisen ist das natürlich praktisch, denn Entfernungen, die von der Erde aus riesig erscheinen, wären für schnellreisende Raumtouristen gar nicht so groß.

Könnten Sie einen Blick auf eine Uhr an Bord des Raumschiffs erhaschen, würden Sie bemerken, dass deren Zeiger sich nicht so schnell bewegen wie die auf Ihrer Armbanduhr. Denn die Zeit auf dem Schiff vergeht nicht so schnell wie außerhalb. Bei hohen Geschwindigkeiten schrumpfen also nicht nur die Entfernungen, auch der Zeitfluss ändert sich.

Beide Phänomene stehen in Verbindung. Und der Grund dafür ist wieder einmal die Lichtgeschwindigkeit.

Geschwindigkeit ist ein Weg, der in einer bestimmten Zeit zurückgelegt wird.

Und Licht legt innerhalb einer Sekunde immer denselben Weg zurück: 299 792 458 Meter, und zwar unabhängig davon, wer diese Entfernung misst.

Ein Meter jedoch ist kein universelles Konzept. Was die außerirdischen Astronauten oder der Kapitän des Raumschiffs einen Meter nennen, ist für Sie kein Meter, sondern weniger.

Die Geschwindigkeit des Lichts ist jedoch konstant. Immer.

Wenn nun die Lichtgeschwindigkeit immer dieselbe ist, vergeht eine Sekunde im Raumschiff aus Ihrer Sicht schneller als die Sekunde, die Ihre Uhr misst. Daran lässt sich nicht rütteln.

Diese Effekte werden inzwischen recht gut begriffen. Man spricht von *Zeitdilatation* und *Längenkontraktion*. Objekte in schneller Bewegung mögen sich aus unserer beschränkten menschlichen Perspektive seltsam verhalten. Aber ob uns das gefällt oder nicht – so funktioniert unser Universum.

Und tatsächlich addieren sich Geschwindigkeiten nicht mehr wie gewohnt auf. Das wird immer schlimmer, je schneller man sich bewegt, bis man irgendwann die Lichtgeschwindigkeit c erreicht. An diesem Punkt kommen wir zu dem schönen Ergebnis: Was man der Lichtgeschwindigkeit auch hinzufügt, man erhält immer Lichtgeschwindigkeit.

Addiert man zur Lichtgeschwindigkeit Lichtgeschwindigkeit, bekommt man Lichtgeschwindigkeit.

$c + c = c$.

Nicht $2\,c$.

Genau diese Ergebnisse sagten die von Lorentz entwickelten Transformationen voraus. Ein gewaltiger Durchbruch, denn Lorentz hatte die mathematische Ursache für das «gescheiterte» Experiment von Michelson und Morley gefunden. Geschwindigkeiten addieren sich nur wie gewohnt auf, wenn sie verglichen mit der Lichtgeschwindigkeit sehr klein sind. Wenn es um Objekte in schneller Bewegung geht, sind die Transformationsregeln von Lorentz anzuwenden. Denn dann stellt man fest, dass sich ein Lichtstrahl immer mit derselben Geschwindigkeit bewegt – und zwar unabhängig davon, wie sich die Lichtquelle bewegt oder wie sich die Person bewegt, die diese Lichtgeschwindigkeit misst. Die Lorentz-Transformationen besagen nebenbei auch, dass nichts schneller sein kann als Licht. Daher reagiert die gesamte Wissenschaftsgemeinde immer zutiefst skeptisch, wenn von Überlichtgeschwindigkeit die Rede ist.

An dieser Stelle ist vielleicht ein Wort der Vorsicht angebracht: Es könnte sein, dass all das *nicht ganz* korrekt ist, dass Entfernungen und Zeitspannen sich nicht *genau so* wie von Lorentz berechnet verhalten und dass irgendetwas schneller sein kann als Licht. In der Physik geht es darum, das bestmögliche Modell zur Beschreibung der Realität zu finden, und nicht etwa darum, perfekte oder absolute Wahrheiten zu formulieren. Solche gibt es in der Physik (und auch in der uns bekannten Natur) nicht. Jede neue Entdeckung, jede neue Theorie ist an Technologien gebunden, die deren Gültigkeit beweisen oder widerlegen können. Und keine Technologie ist absolut präzise.

Dennoch hat bis heute, also ein Jahrhundert später, kein einziges Experiment den Verdacht nahegelegt, die Lorentz-Transformationen könnten falsch sein.

Und damit haben wir alles in der Hand, um zu $E = mc^2$ vorzurücken.

3

E = MC²

1905, gleich nachdem er seine Theorie über bewegte Körper veröffentlicht hatte, verknüpfte Einstein sein Relativitätsprinzip und die Konstanz der Lichtgeschwindigkeit mit einer Größe, die mit alldem scheinbar nichts zu tun hatte: der Masse.

Jahrhundertelang hatte man Masse als etwas begriffen, das sich mithilfe einer Waage bestimmen lässt. In unserer mathematischen Beschreibung der Welt – der von Newton stammenden Interpretation, die heute noch in den Schulen gelehrt wird – taucht Masse als Buchstabe «m» auf und teilt uns mit, wie ein massiver Körper reagiert, wenn eine Kraft auf ihn einwirkt.

Die Masse eines Körpers sollte sich bei Bewegung nicht verändern, dachte man. Sie sollte von Anfang bis Ende dieselbe sein.

Aber nehmen Sie mal einen Stein in die Hand.

Und dann werfen Sie diesen Stein mit so großer Kraft, dass er nur einen Stundenkilometer langsamer ist als Lichtgeschwindigkeit.

Im Flug können Sie dem Stein einen zusätzlichen Anschub geben, sodass er noch zwei Stundenkilometer zulegt.

Am Ende sollte er also einen Stundenkilometer schneller als Lichtgeschwindigkeit fliegen.

Das kann nach Einsteins Prinzip (und den Lorentz-Transformationen) aber niemals der Fall sein.

Denn laut Einstein kann man einen Stein noch so hart werfen oder schlagen oder auch von einer Rakete abschießen, man wird ihn nicht dazu bringen, schneller als Licht zu sein.

Wohin geht dann aber die Schubenergie?

Einsteins Antwort lautet: in die Masse.

Je schneller der Stein, desto mehr Masse gewinnt

er, desto schwerer wird es, ihn auf eine höhere Geschwindigkeit zu bringen. Masse, so Einstein, ist abhängig von Geschwindigkeit. Das gilt sogar für uns.

Wenn man aber die Bedeutung von Masse ändert, gilt es einige Konsequenzen zu beachten. Eine davon hat mit Energie zu tun.

Energie ist ein recht schwer zu fassendes Konzept, doch es gibt ein paar Dinge, auf die wir uns einigen können. Dazu gehört, dass es besonders wehtut, wenn uns ein sehr schneller und sehr schwerer Gegenstand trifft. Wir könnten also vermuten: Je schneller und je schwerer ein Körper ist, desto mehr Energie trägt er. Es handelt sich dabei um eine besondere Energieform, die wir Bewegungsenergie oder kinetische Energie nennen und die uns seit Newton bekannt ist. Zumindest dachten wir das.

1905 ersetzte Einstein die alte, gleichbleibende Masse Newtons durch seine neue, geschwindigkeitsabhängige Masse. Und er fand eine kinetische Formel, die nicht von der Geschwindigkeit des sich bewegenden Körpers abhängig ist – was ziemlich verwunderlich ist, da Bewegungsenergie per Definition mit Geschwindigkeit verknüpft ist.

Der von Einstein entdeckte Ausdruck lautete: mc^2.

Hier wurde offenbar eine Masse m mit dem Quadrat der Lichtgeschwindigkeit und nicht etwa mit der Geschwindigkeit des bewegten Körpers multipliziert. Der Ausdruck stand für die Energie des Steins, und aufgrund von c^2 musste diese groß sein. Extrem groß.

Aber was war dieses m?

Eine Masse, die nicht von der Geschwindigkeit abhängt. Eine Masse in Ruhe, die in jedem Körper enthalten ist – sei es ein Stein, ein Fels, ein Kamel, ein Mensch oder ein Stern – gemessen von jemandem, der diesen Körper als unbewegten Gegenstand betrachtet.

Einstein gab dem Term mc^2 folgende Bedeutung: Jeder massehaltige Körper enthält eine Grundenergie, die rein aus seinem Dasein herrührt. Es ist die Energie, die jeder Körper besitzt, da er aus den Grundbausteinen unseres Universums zusammengesetzt wurde.

Es handelt sich um die Grundenergie der Dinge.

Wenn wir diese Energie E nennen, erhalten wir:

$E = mc^2$.

Daraus geht hervor, dass Masse und Energie nur zwei Aspekte desselben Phänomens sind.

Es bedeutet, dass wir das eine aus dem anderen erhalten können.

Und dass der Tauschfaktor zur Umwandlung von Masse in Energie c^2 beträgt. Eine enorme Zahl.

Die Formel ist die direkte Konsequenz aus Einsteins Relativitätsprinzip und der angenommenen Konstanz der Lichtgeschwindigkeit. Am 25. November 1905 veröffentlichte Albert Einstein seine Ergebnisse in dem Aufsatz «Ist die Trägheit eines Körpers von seinem Energiegehalt abhängig?».

Die Frage war natürlich rhetorisch gemeint, denn er hatte ja eben den Beweis erbracht, dass es so war.

4

DIE VIERTE DIMENSION

Als Newton noch lebte, also vor rund dreihundert Jahren, aber auch lange, lange Zeit davor, beruhte die Erforschung unseres Universums auf der Annahme eines dreidimensionalen Raums und einer stetig vergehenden Zeit wie auf einer ewig tickenden Uhr. Zeit und Raum waren unveränderlich. Anhand der Zeit konnte man Vergangenheit und Zukunft unterscheiden. Mit dem Konzept des Raums ließen sich Formen und Entfernungen beschreiben. Wenn man jemanden treffen wollte, musste – und muss man noch heute – einen Ort im Raum und einen Moment in der Zeit festlegen.

Aufgrund dieser intuitiven Vorstellung ließ sich

leicht annehmen, dass man auch in fernen Welten oder auf schnellreisenden Raumschiffen Formen und Zeiten erwarten könnte, wie wir sie hier auf der Erde wahrnehmen. Dem ist aber nicht so. Uhren ticken nicht gleich und Entfernungen sind verzerrt – so wie es die Lorentz-Transformationen angeben.

Doch die von Lorentz entwickelten Formeln sind aus mathematischer Sicht nicht besonders ästhetisch und wirken daher arg kompliziert.

Zum Glück mögen Wissenschaftler komplizierte Angelegenheiten nicht besonders. Es liegt ihnen sehr viel daran, die Dinge zu vereinfachen. Und genau das tat der deutsche Mathematiker und Physiker Hermann Minkowski in den Jahren nach Einsteins Aufsätzen von 1905. Minkowski, der ehemals Professor an Einsteins Zürcher Universität gewesen war, fand einen sehr einleuchtenden und dennoch sehr ungewohnten Weg, über die Dinge nachzudenken.

Aufbauend auf den mathematischen Entdeckungen von Henri Poincaré erkannte Minkowski, dass die komplizierten Lorentz-Transformationen erstaunlich an Klarheit gewannen, wenn man sie aus der Perspektive des Einsteinschen Prinzips betrachtete. Denn nun waren Raum und Zeit keine getrennten Einheiten mehr, sondern bildeten ein Ganzes. In dieser vierdimensionalen Raumzeit werden Entfernungen berechnet, indem man sich nicht nur die Ausdehnung im Raum, sondern auch die Zeitintervalle anschaut: Was Sie und mich in diesem Augenblick trennt, wird in Minkowskis Raumzeit wie gewohnt durch unsere Entfernung im Raum angegeben, von der man jedoch noch die Zeit abzieht, die das Licht benötigt, um von Ihnen zu mir zu gelangen.*

Damit sind Entfernungen nicht mehr nur räumliche Trennungen. Sie beziehen die Zeit mit ein und werden zu Raumzeit-Längen. Um sich vorzustellen, wie sich das Universum verändert, wenn man es aus verschiedenen Perspektiven betrachtet,

---

* Eigentlich sind hier Quadrate und Quadratwurzeln im Spiel, aber die Idee bleibt dieselbe.

benötigt Minkowskis Raumzeit wiederum die Lorentz-Transformationen.

Entfernungen und Zeitintervalle sind für sich genommen nicht universell. Raumzeit-Abstände aber sind es.

In der von Minkowski ersonnenen Raumzeit gelten Maxwells Gleichungen für alle – unabhängig davon, mit welcher Geschwindigkeit man sich bewegt (sie muss nur konstant sein).

In Minkowskis Raumzeit sind Einsteins Gesetze erfüllt.

Und schließlich ist es so, dass Minkowskis Raumzeit – unter Berücksichtigung von Zeitdilatation und Längenkontraktion, jedoch mit festen Raumzeit-Intervallen – unserer Wahrnehmung der Realität verblüffend nahe kommt.

Erstaunlich ist auch: Die Raumzeit-Entfernung, die ein mit Lichtgeschwindigkeit reisender Körper in der Minkowski-Raumzeit zurücklegt, ist gleich null. Licht ermöglicht also eine klare Trennung zwischen Ereignissen mit positivem oder negativem Raumzeit-Abstand.

So lassen sich Ereignisse, die eine Wirkung aufeinander haben, von Ereignissen unterscheiden, die niemals in Beziehung treten. Ist der Abstand zwischen ihnen positiv, so kann zwischen beiden eine Nachricht übermittelt werden. Bei einem negativen Abstand ist dies unmöglich, es kann kein sinnvolles Signal gesendet werden. Die beiden Ereignisse befinden sich in verschiedenen kausalen Universen.

Bei Ereignissen, die Signale austauschen können, gibt es in Minkowskis Raumzeit zudem keine allgemeingültige Vorstellung davon, welches Ereignis zuerst eingetreten ist: Es wird immer Beobachter geben, die dieser Abfolge widersprechen und damit aus ihrer Perspektive recht haben.

Einsteins Prinzipien und die Formel $E = mc^2$ sind zusammen mit Minkowskis Raumzeit Teil dessen, was wir heute «Einsteins spezielle Relativitätstheorie» nennen. Wobei das Wort «Relativität» in diesem Zusammenhang nicht bedeutet, dass alles relativ oder beliebig wäre, im Sinne von «Es gibt keine absolute Wahrheit». Eher ist das Gegenteil gemeint: Wir können uns nicht auf unsere Intuition verlassen, wenn wir Raum, Zeit, Entfernungen und Zeitintervalle beschreiben wollen. Was für die einen die Länge von einem Meter hat oder eine Sekunde dauert, muss für die anderen nicht dasselbe sein, und auch die Wahrnehmung einer Abfolge von Ereignissen kann sich unterscheiden. Doch die spezielle Relativitätstheorie ermöglicht uns, die verschiedenen Standpunkte in Relation zu setzen und unser Wissen zu verknüpfen. Relativität ist nicht gleich Chaos. Sie lehrt uns, wie wir mit anderen in Beziehung treten können und wie sich Raum und Zeit verhalten, wenn hohe Geschwindigkeiten im Spiel sind. Oder Außerirdische.

TEIL 3

FOLGEN

1

ANTIMATERIE

Im antiken Griechenland fragten sich unsere Vorfahren vor mehr als zweitausend Jahren, was wohl passiert, wenn man ein Stück Materie immer weiter in zwei Hälften zerlegt. Sie nannten das mögliche Endprodukt ein *Atom*, was wörtlich «das Unteilbare» heißt. Dabei wussten die Griechen nicht, ob dieses Teilchen wirklich existierte, sie gaben ihm aber dennoch einen Namen, den wir noch heute verwenden, wenn auch mit etwas anderer Bedeutung.

Heute steht der Begriff Atom für den kleinsten Bestandteil eines Elements. So ist das kleinste Stück Gold, das wir erhalten können, ein Goldatom.

Wenn wir dieses noch einmal teilen, erhalten wir etwas, das kein Gold mehr ist. Dasselbe gilt für alle Elemente: Sauerstoff, Eisen, Kohlenstoff und so weiter.

Wir wissen seit rund einhundert Jahren, dass Atome – und Materie – Gebilde aus noch kleineren Teilchen sind, die offenbar aus nichts als sich selbst bestehen, also die eigentlichen Atome sind. Wir nennen sie stattdessen *Elementarteilchen*. Sie stellen die kleinsten Bausteine der Natur dar und sind damit den skurrilen Regeln des Allerkleinsten unterworfen.

Das Reich des Allerkleinsten – die sogenannte Quantenwelt – öffnete sich um 1900, als der deutsche Physiker Max Planck eine Formel entdeckte, mit der sich mathematisch erklären ließ, warum ein aufgeheizter schwarzer Körper eine besondere Strahlung – die «Schwarzkörperstrahlung» – abgab, die niemand vor ihm vollständig begriffen hatte.

In seine Formel brachte Planck die These ein, dass Licht aus kleinen Energiepaketen, den Quanten,* bestand, von denen er jedoch nicht glaubte, dass sie wirklich existierten. Er verwendete sie als mathematischen Kniff, um auf das richtige experimentelle Ergebnis zu kommen. Für diese Leistung erhielt er immerhin den Nobelpreis.

Fünf Jahre später, während seines «Wunderjahrs», wie es manche Historiker nennen,** zeigte Einstein, dass es sich nicht nur um einen Rechentrick handelte.

Denn Licht besteht tatsächlich aus kleinen Energiepaketen.

Wir nennen diese heute Photonen.

1921 verlieh man Einstein für seine Entdeckung den Nobelpreis.

Im Jahr darauf bewies der französische Physiker Louis de Broglie, dass dasselbe für Materie gilt. Materie, so de Broglie, bestand ebenso wie Licht

---

* Quanten ist der Plural von Quant (von lat. *quantum* für «wie groß», «wie viel»).

** Das Jahr 1905 wird mit dem entsprechenden lateinischen Ausdruck auch als Einsteins *annus mirabilis* bezeichnet.

aus kleinen Energiepaketen. Auch er erhielt dafür den Physik-Nobelpreis, den des Jahres 1929.

Wissenschaftler erlebten damals eine ganz außergewöhnliche Zeit. Man stelle sich vor: Die Menschheit verfügte plötzlich über die technischen und theoretischen Mittel zur Erforschung einer neuen Realität – das Reich der kleinen Energiepakete, aus denen unsere Welt besteht. Das Reich der Quanten. Eine so ungewohnte und bizarre Welt, dass niemand sie ganz verstand. Doch war sie offenbar in mathematischen Begriffen zu erfassen. Die Physiker Werner Heisenberg aus Deutschland und Erwin Schrödinger aus Österreich fanden heraus, wie sich diese seltsamen Energiepäckchen aus Licht oder Materie bewegten und von einem Ort zum anderen gelangten. Sie stellten Bewegungsgleichungen auf und erhielten für ihre Ergebnisse jeweils 1932 und 1933 den Nobelpreis.

Und dann geschah etwas, das die Dinge noch deutlicher zusammenfügte.

Der britische Mathematiker und Physiker Paul Dirac fand, Einsteins Prinzipien sollten nicht nur für die Maxwellschen Gleichungen, sondern auch für die Quantenwelt gelten. In einer beispiellosen wissenschaftlichen Tour de Force gelang es ihm, Heisenbergs und Schrödingers Gleichungen mit Einsteins spezieller Relativität zu vereinen. Dabei entdeckte Dirac Unglaubliches. Die spezielle Relativität führte zu der Annahme, die kleinen Energiepakete namens Quanten könnten zu einem das Universum ausfüllenden Energiemeer gehören, aus dem Teilchen auftauchen und wieder verschwinden.

Und noch erstaunlicher war: Diracs Gleichungen ergaben, dass Einsteins Prinzipien nur Bestand haben, wenn jedes uns bekannte geladene Teilchen einen Gegenpart besitzt. Dieser Antipol ist seine genaue Kopie, jedoch mit entgegengesetzter Ladung. Zuerst fand Dirac dies für die berühmtesten geladenen Teilchen heraus, die Elektronen.

Elektronen haben eine negative elektrische Ladung (Photonen haben keine). Wenn es nun Antielektronen gab, wie es nach Einsteins spezieller Relativität der Fall sein sollte, mussten diese eine positive Ladung haben.

Dirac schrieb seine Erkenntnisse 1931 nieder. 1932 erbrachte der amerikanische Physiker Carl David Anderson den experimentellen Beweis und entdeckte das erste Beispiel für ein Antiteilchen – ein Teilchen aus Antimaterie, ein Antielektron.

Ein Jahr später, 1933, erhielt Dirac den Physik-Nobelpreis, 1936 dann Anderson.

Erstmals in der Geschichte war hier ein nie beobachtetes Teilchen in der Theorie vorhergesagt und dann gefunden worden. Auch dies war eine Konsequenz von $E = mc^2$.

Indem man Einsteins Prinzipien auf die Quantenwelt anwandte, gelangte man zu der Erkenntnis, dass die Materie unseres Universums doppelt so groß sein musste wie angenommen. Und das sind keine Spekulationen, so wie wir heute Parallelwelten und zusätzliche Dimensionen vermuten. Antimaterie ist Teil unserer bekannten Realität. Wir nutzen sie sogar für Untersuchungen im Krankenhaus, um einen Blick in unsere Gehirne zu werfen.

Das von Dirac entdeckte Energiemeer wird

heute Quantenvakuum genannt. Dieses Vakuum ist nicht leer, es besitzt Energie. Und es ist überall. Laut $E = mc^2$ kann die Quantenwelt diese Energie in Masse verwandeln und lässt so Teilchen-Anti-teilchen-Paare aus dem Vakuum entstehen.

Fragen Sie sich, warum zwei Teilchen entstehen und nicht nur eines? Nun, die Natur ermöglicht den Dingen offenbar, ihre Form zu verändern, sie können aber nicht einfach so auftauchen und verschwinden.

$E = mc^2$ besagt, dass Masse und Energie nur zwei Aspekte desselben Phänomens sind. Wenn genug Energie vorhanden ist, kann sie in Form eines Teilchens in die ihr äquivalente Masse umgewandelt werden.

Wenn aber ein Teilchen eine elektrische Ladung besitzt, kann es nicht allein auftreten.

Bevor etwas auftaucht, ist keine Ladung vorhanden, sondern nur Energie. Danach ist die Energie immer noch da. Und ihr Wert ist derselbe. Sie hat nur die Form gewechselt und ist zu Masse geworden. So weit haben wir kein Problem. Darin liegt ja die Schönheit von $E = mc^2$. Wenn aber ein einzelnes geladenes Teilchen entsteht, ist eine Ladung vorhanden, und es gibt kein Äquivalent zu $E = mc^2$, bei dem die Ladung die Masse ersetzt. So bleibt das spontane Auftreten von Ladung ungeklärt. Doch damit können wir uns natürlich nicht zufriedengeben. Wenn nun aber zugleich eine zweite, gegenteilige Ladung – ein Antiteilchen – auftaucht, bleibt die Gesamtladung null und wir sind glücklich. Und genau das geschieht in der Natur.

Fassen wir kurz zusammen, wo wir nun stehen. Einsteins Theorie führte zu der Erkenntnis, dass unser Universum nicht drei, sondern vier Dimensionen hat (die vierte ist die Zeit), und die Übertragung von $E = mc^2$ auf die Quantenwelt brachte Dirac zu der Vermutung, dass es Antimaterie gibt und dass Teilchen und Antiteilchen aus dem Nirgendwo auftauchen können. Alle diese Vorhersagen wurden inzwischen durch Experimente belegt. Energie kann in Masse umgewandelt werden und wird es auch – ständig und überall. Im gesamten Universum.

Aber was ist mit dem umgekehrten Weg? $E = mc^2$ bedeutet ja auch, dass Masse in Energie umgewandelt werden kann. Stimmt das genauso? Sie kennen die Antwort. Sie lautet ja. Vielleicht wissen Sie aber nicht, dass dies auf mindestens zwei Arten geschehen kann, und zwar mit ganz unterschiedlichen Folgen.

2

ATOMENERGIE

Schauen wir uns einen Augenblick diese seltsamen kleinen Dinger an, die wir Atome nennen. Sie bilden sämtliche uns bekannte Materie, im gesamten Universum. Und sie haben alle eine ähnliche Struktur: einen Kern, um den Elektronen kreisen.

Es gibt fünfundneunzig bekannte Atome, die in unserem Universum natürlich vorkommen. Das kleinste ist Wasserstoff, das zweitkleinste Helium. Kohlenstoff steht an sechster, Sauerstoff an achter, Eisen an sechsundzwanzigster und Gold an neunundsiebzigster Stelle.

Atomkerne wiederum bestehen aus zwei verschiedenen, noch kleineren Bestandteilen: aus Neutronen, die keine Ladung besitzen (daher ihr Name), und aus Protonen, die positiv geladen sind.

Ein Element (Kohlenstoff, Gold etc.) wird danach gekennzeichnet, wie viele Protonen sein Atomkern enthält. Wasserstoff hat ein Proton, Helium zwei, Kohlenstoff sechs, Sauerstoff acht, Eisen achtundzwanzig und Gold neunundsiebzig Protonen. Sie erkennen sicher das Prinzip.

Um einen Atomkern zu bauen, muss man im Grunde nur Protonen und Neutronen zusammensetzen. Aber das ist nicht so einfach, wie es klingt, denn da Protonen positiv geladen sind, stoßen sie einander ab. Man benötigt daher eine unglaubliche Energiemenge, um sie zusammenzubringen – genauso, wie man die Nordpole zweier Magneten nur mit Mühe dazu bringt, sich anzunähern, geschweige denn sich zu berühren.

Aber jetzt kommt's: In der Welt des Allerkleinsten sind neue Kräfte im Spiel.

Neutronen und Protonen bestehen wiederum aus noch kleineren Teilchen, die man Quarks nennt. Soweit wir wissen, ist hier Schluss: Quarks sind nicht aus noch kleineren Teilchen aufgebaut. Sie sind elementar. Und es gibt eine besondere Kraft, die diese Quarks zusammenhält, um Neutronen und Protonen zu bilden: die starke Wechselwirkung oder auch starke Kernkraft.

Sie wirkt auf sehr kurzen Distanzen sehr viel stärker als die elektromagnetische Abstoßung.

Es ist, als würde man mit viel Kraft versuchen, zwei magnetische Nordpole anzunähern, irgendwann aber einen kritischen Abstand erreichen, an dem sich die beiden auf einmal anziehen und auch mit größter Anstrengung nicht mehr voneinander zu trennen wären.

Genau das passiert in einem Atomkern: Es tobt ein Kampf zwischen Elektromagnetismus und starker Wechselwirkung. Ein Kampf, bei dem es um alles oder nichts geht, ein Unentschieden kommt nicht infrage. Wer gewinnt, hängt ganz allein vom Abstand ab.

Die starke Kernkraft wirkt sich über die Quarks hinaus auf die Protonen und die Neutronen aus. Wissenschaftler sprechen hier auch von der Restwechselwirkung. Sie bindet Protonen und Neutronen aneinander. Solange diese nicht zu weit voneinander entfernt sind, ist die Kraft erneut stärker als die elektromagnetische Abstoßung, wodurch der Kern der allermeisten Atome der Natur fest zusammenhält. Ohne sie würden die Atomkerne auseinanderplatzen, da sich die Protonen abstoßen, und es gäbe uns nicht. Wir sind aber hier. Also platzen sie nicht auseinander. Dennoch: Da alles eine Frage des Abstands ist, besteht die Möglichkeit, dass sie auseinanderplatzen.

Mit ziemlich dramatischen Auswirkungen.

1939 veröffentlichten die deutschen Physiker Otto Hahn und Fritz Straßmann ein verblüffendes Versuchsergebnis. Da alle Atomkerne aus Neutronen und Protonen bestehen, kamen Hahn und Straßmann auf die verrückte Idee, dem schwersten bekannten Atom, nämlich Uran, ein Neutron hinzuzufügen und auf diese Weise ein neues Atom zu erschaffen, das schwerer als Uran sein würde. Aber dazu kam es nicht. Als die Wissenschaftler das Uranatom mit einem langsamen Neutron beschossen, erhielten sie keinen größeren Kern, sondern mehrere kleinere. Dieses Ergebnis war so unerwartet, dass die beiden erst einmal zögerten, ihre Beobachtungen zu veröffentlichen. Schließlich taten sie es doch, und es fand sich jemand, der das Experiment sofort deuten konnte: Die österreichische Physikerin Lise Meitner begriff, dass Hahn und Straßmann durch den Neutronenbeschuss das Gleichgewicht innerhalb des Atomkerns zerstört, die dort wirkenden Kräfte verändert und das Uranatom gespalten hatten.

Lise Meitner erkannte auch, dass durch die Spaltung zwei Neutronen pro verwendetem Neutron entstanden, plus eine enorme Menge Energie, die den Weg für eine Kettenreaktion ebnete.

Eine Bombe.

Man kann sich leicht vorstellen, dass zusätzliche Neutronen freiwerden, wenn man einen großen Zusammenschluss von Protonen und Neutronen in Stücke bricht. Aber woher stammte die Energie?

Lise Meitner begriff, dass diese aus $E = mc^2$ herrühren musste.

Masse kann tatsächlich in Energie umgewandelt werden.

Um zu verstehen, welche Masse zu reiner Energie wurde, schauen wir uns den Atomkern am besten noch einmal genauer an. Woraus besteht die Energie eines so kleinen Dings? Aus zweierlei. Zum einen aus Masse, zum anderen aus Bindungsenergie. Laut $E = mc^2$ kann die Bindungsenergie in eine äquivalente Masse überführt werden. Eine Bindungsmasse sozusagen. Die reale, effektive Gesamtmasse aller Atomkerne ist damit die normale, uns gewohnte Masse plus die Bindungsmasse. Diese Masse würde auch eine Waage anzeigen. Auch Ihr Gewicht ist die Summe aus beiden.

Nimmt man einen großen Atomkern wie Uran (mit 92 Protonen und 143 Neutronen) und spaltet diesen, so erhält man zwei kleinere Kerne. Nun ist es aber so, dass die Bindungsenergie des einzelnen Uranatoms größer ist als die Bindungsenergie, die in den beiden kleineren Kernen enthalten ist. Also führt die Spaltung von Uran zu einem Verlust an Bindungsmasse, die nach $E = mc^2$ in reine Energie umgewandelt wird. Eben diese Energie ist es, die von radioaktivem Material ausgestrahlt wird, die in Kernkraftwerken genutzt und durch Atombomben freigesetzt wird. Darum ist $E = mc^2$ so berühmt. Wobei das oben Gesagte nur auf große Atomkerne zutrifft.

Bei kleinen Kernen verhält es sich nämlich genau andersherum.

Verschmilzt man zwei kleine Atomkerne zu einem größeren Kern, so ist die Bindungsenergie des größeren, neuen Kerns kleiner als jene der beiden Ausgangskerne. Also gilt bei kleinen Atomen: Nicht bei der Spaltung, sondern bei der Fusion geht Masse verloren.

So geschieht es im Inneren der Sterne.

Dort verschmelzen kleine Atomkerne zu größeren, und die verlorene Masse wird entsprechend $E = mc^2$ in Energie umgewandelt, welche Sterne leuchten lässt.

$E = mc^2$ erklärt, wie Sterne Energie erzeugen, indem sie Atomkerne miteinander verschmelzen und auf diese Weise die Materie erschaffen, aus der wir

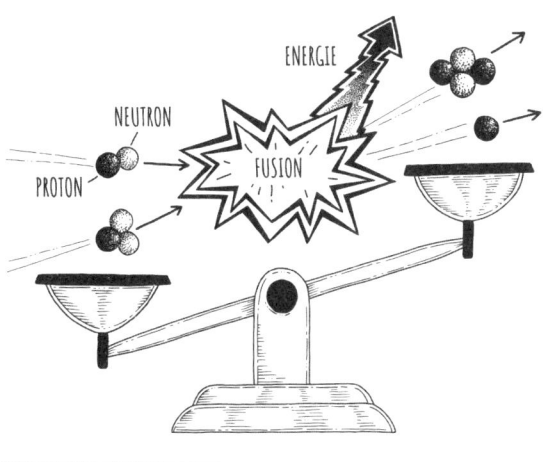

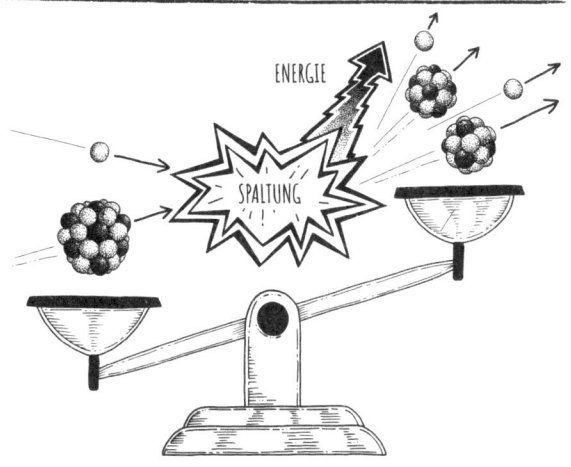

heute bestehen. Aus Wasserstoff und Helium bilden sich so größere Atome, bis hin zu Eisen. Über Eisen hinaus benötigt die Kernschmelze Energie und setzt also keine mehr frei, sodass alle uns umgebenden Elemente, die schwerer sind als Eisen – etwa Gold – nicht während der Lebensspanne eines Sterns entstehen, sondern dann, wenn er stirbt. Dann nämlich dient ein Teil der gewaltigen Energie, die bei seiner Explosion frei wird, zur Entstehung der uns bekannten schwereren Atome.

$E = mc^2$ ist der Grund, warum in unserem Universum Materie entsteht und zerstört wird.

ZUM SCHLUSS

Richard Feynman – einer der größten Physiker des zwanzigsten Jahrhunderts, dessen Beiträge zum Verständnis von $E = mc^2$ Generationen von Wissenschaftlern inspiriert haben (auch mich und dieses Buch)* – verglich das Universum einmal mit einem großen Schachspiel. Die gesamte theoretische Physik dreht sich nun darum, die Regeln dieses Spiels offenzulegen. Einige Regeln haben wir schon entdeckt. Nicht alle, bei weitem nicht, aber immerhin manche. Darauf können wir stolz sein. Wir sind (zumindest auf der Erde) die erste Spezies, die eine solche Leistung vollbringen konnte.

---

* Siehe die in der Bibliografie genannten *Six Not-So-Easy Pieces* von Feynman.

Zudem haben wir eine Sprache gefunden, mit der sich diese Regeln oder Gesetze so ausdrücken lassen, dass wir Vorhersagen über das Unbekannte treffen können. Diese Sprache ist die Mathematik. Warum das so ist, kann ich nicht sagen. Ich bezweifle, dass irgendjemand darauf eine Antwort geben kann. Es könnte sogar sein, dass wir eines Tages eine neue, noch bessere Ausdrucksweise finden. Im Moment aber ist die Mathematik das einzige uns verfügbare Mittel, das wirklich funktioniert.

In dieser Sprache haben bestimmte «Worte» oder «Sätze» eine besondere Bedeutung. Wir nennen sie Formeln. Sie sind – um nochmals leicht abgewandelt Feynman zu zitieren – das Gedächtnis der von uns entdeckten Naturgesetze.

Als berühmteste dieser Formeln sticht $E = mc^2$ hervor.

Sie drückt aus, dass es der Menschheit gelungen ist, ein faszinierendes Geheimnis der Natur zu lüften: die enge Verbindung von Materie und Energie.

Im zukünftigen Gedächtnis unserer Spezies ist

die Vorstellung enthalten, dass Zeit und Raum eins sind, nämlich die Raumzeit. Dass Licht innerhalb eines Vakuums eine konstante Geschwindigkeit hat und nichts schneller unterwegs sein kann, wenn es eine irgendwie geartete Botschaft tragen soll. Dass die Naturgesetze für alle, die sich mit konstanter Geschwindigkeit bewegen, dieselben sind und dass Entfernungen und Zeitintervalle nicht universell sind, sondern vom messenden Beobachter abhängen.

Absolut erstaunlich, dass all das und noch mehr in dieser kleinen Formel steckt.

Sie sagt uns, wie die Natur Energie aus Materie und Materie aus Energie erschafft und dass wir dies zu unserem Nutzen einsetzen können. Unsere Spezies hat gerade erst begonnen, diesen Nutzen zu begreifen, und wir müssen uns noch viel Wissen und Vernunft aneignen, um damit – anders als in der Vergangenheit – klug und umsichtig umzugehen. Denn dieses Wissen könnte der Schlüssel dazu sein, unsere Zivilisation auf lange Sicht am Leben zu erhalten. Vielleicht können wir eines Tages ferne Planeten besuchen, die um ferne Sterne kreisen, und zwar mit Raumschiffen, die so schnell sind, dass Entfernungen und Reisezeit derart zusammenschrumpfen, dass neue Welten innerhalb einer Lebensspanne erreichbar werden.

Doch noch faszinierender als diese ungeahnten Möglichkeiten ist der Mensch hinter all dem: Albert Einstein.

Er verkörpert den Triumph des reinen Verstandes. Allein durch Nachdenken, getragen von der Überzeugung, dass seine beiden Prinzipien alle bisher bekannten Erkenntnisse übertrafen, eröffnete er uns neue Reiche der Natur.

Zehn Jahre nach der Veröffentlichung seiner speziellen Relativitätstheorie weitete Einstein sein Relativitätsprinzip auf Objekte aus, die sich nicht mit konstanter Geschwindigkeit bewegen. Daraus wurde die Gravitationstheorie. Einstein nannte sie die allgemeine Relativitätstheorie. Alles, was wir über das Universum wissen, geht auf sie zurück.

Erstaunlich ist Einsteins Zuversicht in das eigene Denkvermögen. Es gibt viele Leute, die sich im

Recht glauben, wenn sie eine Idee äußern, die dem allgemeinen Wissensstand widerspricht. Der Unterschied zu Einstein ist nur: Er lag tatsächlich richtig.

BIBLIOGRAFIE

Albert Einstein, «Zur Elektrodynamik bewegter Körper», in: *Annalen der Physik* 17, no. 10 (1905), S. 891–921. (Darin postuliert Einstein seine Formel E = mc².)

Albert Einstein, «Ist die Trägheit eines Körpers von seinem Energiegehalt abhängig?», in: *Annalen der Physik* 18, no. 13 (1905), S. 639–41. (Darin zeigt Einstein, dass Licht aus Energiepaketen besteht.)

Albert Einstein, «Über einen die Erzeugung und Verwandlung des Lichtes betreffenden heuristischen Gesichtspunkt», in: *Annalen der Physik* 17, no. 6 (1905), S. 132–48.

WEITERFÜHRENDE LITERATUR

Richard Feynman, Robert Leighton, Matthew Sands, *The Feynman Lectures on Physics: The Definite an Extended Edition* (2. Auflage), Boston, 2005 [1970]; deutsche Ausgabe: *Vorlesungen über Physik*, München 2007.

Richard P. Feynman, *Six Not-So-Easy Pieces: Einstein's Relativity, Symmetry and Space-Time*, New York 1997; deutsche Ausgabe: *Physikalische Fingerübungen für Fortgeschrittene*, München 2004.

Die beiden Feynman-Bücher, in denen seine absolut herausragenden Physik-Vorlesungen wiedergegeben werden, sind allerdings für Laien recht anspruchsvoll und arbeiten viel mit mathematischen Gleichungen.

Als allgemeinere Einführung zu allem, was wir inzwischen über das Universum wissen, erlaube ich mir, folgende Lektüre zu empfehlen: Christophe Galfard, *The Universe in Your Hand*, London 2015; deutsche Ausgabe: *Das Universum in deiner Hand. Die unglaubliche Reise durch die Weiten von Raum und Zeit und zu den Dingen dahinter*, München 2017.

Und natürlich Bill Brysons Meisterwerk der Populärwissenschaft: *A Short History of Nearly Everything*, New York 2003; deutsche Ausgabe: *Eine kurze Geschichte von fast allem*, München 2004.

Christophe Galfard hat Höhere Mathematik und Theoretische Physik an der Cambridge University in England studiert und dort bei Stephen Hawking über Schwarze Löcher und den Ursprung unseres Universums promoviert. Galfard, bekannt für seine Fähigkeit, komplexe Sachverhalte mit einfachen Worten zu erklären, hat Vorträge vor Hunderttausenden von Menschen, Kindern wie Erwachsenen, in der ganzen Welt gehalten. Er ist regelmäßiger Gast in Fernseh- und Radiosendungen in Frankreich, wo er einer der bekanntesten Wissenschaftsautoren ist. Er hat mehrere preisgekrönte populärwissenschaftliche Bücher für Kinder über das Sonnensystem und das Klima unserer Erde geschrieben, bevor er *Das Universum in deiner Hand*, sein erstes Buch für Erwachsene, verfasste, das ein internationaler Bestseller wurde und mittlerweile in 20 Sprachen übersetzt ist.